哥伦布自由行

影响世界的发明发现

洋洋兔 编绘

石油工業出版社

图书在版编目（CIP）数据

哥伦布自由行 / 洋洋兔编绘. —北京 : 石油工业出版社, 2022.10
（影响世界的发明发现）
ISBN 978-7-5183-5593-8

Ⅰ. ①哥… Ⅱ. ①洋… Ⅲ. ①科学发现—世界—青少年读物②创造发明—世界—青少年读物 Ⅳ. ①N19-49

中国版本图书馆CIP数据核字(2022)第167738号

哥伦布自由行
洋洋兔 编绘

策划编辑：王昕 黄晓林
责任编辑：黄晓林 王之源
责任校对：郭京平
出版发行：石油工业出版社
(北京安定门外安华里2区1号 100011)
网 址：www.petropub.com
编辑部：(010)64523616 64252031
图书营销中心：(010)64523731 64523633
经 销：全国各地新华书店
印 刷：河北朗祥印刷有限公司

2022年10月第1版 2022年10月第1次印刷
889毫米×1194毫米 开本：1/16 印张：3
字数：40千字

定 价：40.00 元
(图书出现印装质量问题，我社图书营销中心负责调换)

前言

小朋友，你上下学搭乘什么交通工具呢？平常是打电话还是用电脑和朋友们联系呢？去超市买东西，你是用现金还是刷二维码支付呢？

生活中的这些东西，在你看来是不是特别熟悉和简单？其实，它们的出现可大有一番来头呢！

在很久以前，我们的祖先生活在大自然里，那时他们刚从古人猿进化而来，不会说话，只能靠采摘野果存活，没有厚厚的皮毛保暖，遇到稍微厉害一点儿的野兽就打不过，需要大家齐心协力才有机会捕猎成功。

古人通过观察思考，受雷电启发，发明了人工取火，用来烤熟食物和取暖；发明了石器，用来打猎、做活；发明了陶器，用来盛东西；还学会了种植，发展了农业，逐渐摆脱饥饿……

他们在一次次的合作中，发明了语言，让彼此更容易交流；因为出现了要记录事物的需求，就发明出文字、数字、纸张和印刷术等东西。我们现在出门可搭载的船、车、飞机，甚至日常生活离不开的电话、手机、电脑等物件，都是前人们绞尽脑汁发明出来的。它们给我们的生活提供了方便，让我们的生活越来越好，但你知道它们到底是怎么出现在这个世界上的吗？

本套书**精选了40个**对人类社会有着深刻影响的**发明发现**，

用可爱的图文、**多格漫画故事方式**，

深入浅出地讲述了人类**为什么需要**发明它们，

它们**是如何被**发明或发现的，

以及它们的原理是什么，

对人类**造成了怎样的影响**，

现在**又有哪些**应用等问题。

这并不是一套可以解决你所有疑惑的百科词典，但翻开这套书，

你将会从一个全新的角度，了解这些伟大的发明发现。

如果你也好奇，那就跟着朵朵和灿烂一起，去探索这些伟大的发明发现吧！

目录

开篇故事 2

船（8000年前） 4

车轮（5500年前） 8

石油（3000多年前） 12

哥伦布发现新大陆（1492年） 16

日心说（1543年） 20

蒸汽机（1679年） 24

哈雷彗星（1705年） 28

电话（1876年） 32

飞机（1903年） 36

计算机（1946年） 40

开篇故事

又到了假期，朵朵正在发愁自己的假期日记怎么写呢。突然，家里的门铃响了起来。

原来是灿烂来了——

朵朵！有你的快递哦！
也许又是谁送你的礼物呢？
咦？可是我没买什么呀？
那快给我看看！
是外公送我的礼物！一定又是很好玩的东西！
不过这个盒子也太小了吧？这种小盒子，最多也就装下一个棒棒糖！

什么嘛……又
不能吃！
咦？居然是一个
灯泡——还有一
个灯座！
这里还有一张纸条……
说是只要把它们安装在
一起，通上电，就可以
开启新的路程！
新的旅程……灿烂，你
要不要和我一起去？
好呀！这次我一定要
找到更多的好吃的！

朵朵他们把灯泡安装好，按下了电源的开关，温暖又柔和的灯光洒满了整个房间。

新的旅程，再次开启……

船 8000 年前

● 发明路径 人类产生渡河需求 → 独木舟的发明 → 船帆、船舵的出现 → 船的发展

这条河又宽又深，
怎么过去呢？
我可游不
过去……

船作为一种水上交通工具，早在石器时代就已经出现。

那么久远？当时人类怎么造船的呀？

这可是一个有趣的过程呢！

8000多年前，人们发现树木可以在水上漂浮，不会沉下去，于是，就想到了用木头作为渡河的工具。

树干在水里
会浮起来！

可是圆滚滚的树干并不适合乘坐，人们常常途中就掉进水里淹死了。

救命啊，坚持
不住了……

人们就开始对树干进行加工，将它变得适合乘坐，就这样，世界上第一支独木舟出现了。

这下就不会掉
到水里了！

但独木舟下水，就会随波逐流，为了掌控方向，人们又发明了船桨，还能给独木舟提供足够的动力。

这下就不会被水
流带着跑了！

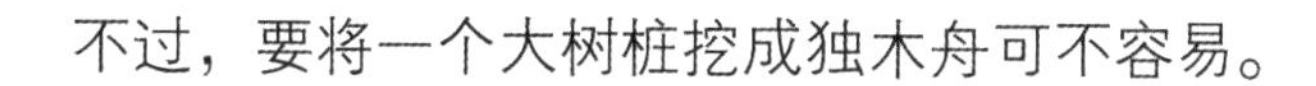

不过，要将一个大树桩挖成独木舟可不容易。

竹筏真是制作简单。

还可以坐很多人呢！

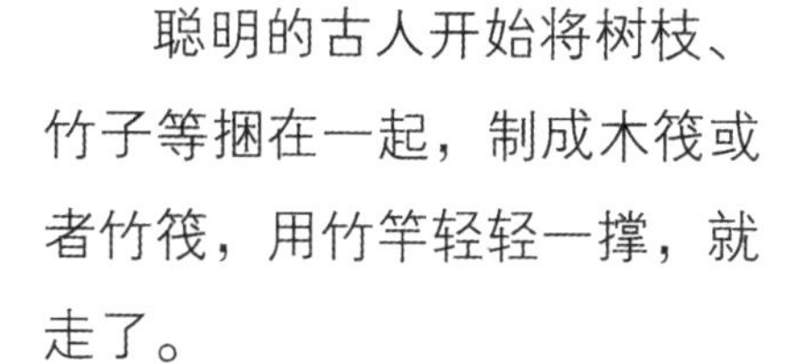

聪明的古人开始将树枝、竹子等捆在一起，制成木筏或者竹筏，用竹竿轻轻一撑，就走了。

让我来帮帮你吧！

后来，人们不满足于征服江河，把目光放到了更加广阔的大海，希望制作出更大、更快的船来远洋航行。船桨提供的动力就不够用了，人类便开始四处寻求“帮手”，古埃及人最先想到了无处不在的风。

公元前3000年，古埃及人发明了帆，制造出了帆船。

风的“力气”可比人要大多了！

这下人类就可以去更远的地方了。

同一时期，古埃及人还发明了舵。

舵：是船上保持或改变航行方向的一种装置，与轮船外壳相连接。

大海中有无尽的宝藏！
去探险！

蒸汽机发明以后，作为船的动力，迅速取代了风。

1807年，美国工程师罗伯特·富尔顿成功制成了用蒸汽机提供动力的蒸汽机轮船——“克莱蒙特”号。

要是能把蒸汽机装到船上就好了！

“克莱蒙特”号的成功下水，标志着帆船时代的结束，汽船时代的开始。

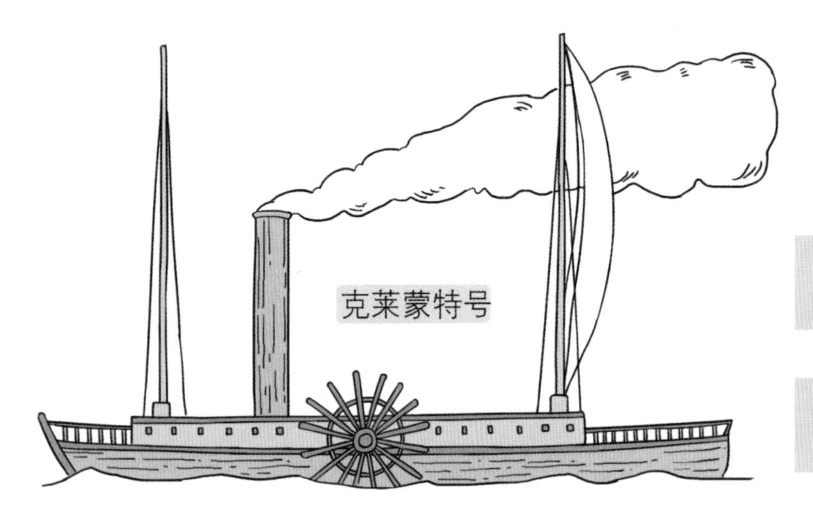
克莱蒙特号

罗伯特·富尔顿因此被称为“轮船之父”。

好大的烟囱，原来这些船是烧煤的哇！

可是这噪音和振动也太大了吧？我都晕船了……

1903年，俄国建造的柴油机船“万达尔”号下水，从此柴油机逐渐成为船舶的主要动力。

柴油机船动力更强，而且航程更长。

要打破厚厚的冰层，还是核动力最靠谱！

原子能的发现和利用，为船舶动力打开了新的大门。

1957年，苏联生产出了世界上第一艘采用核动力行驶的船只——“列宁号”破冰船。

列宁号

船作为人类最重要的交通工具之一，不仅仅让人类可以在水上来去自由，还在运输人与货物的同时，传播了文化和思想，更使世界各地的特产都有机会聚到一起，所以说船对人类文明有着重要的意义。

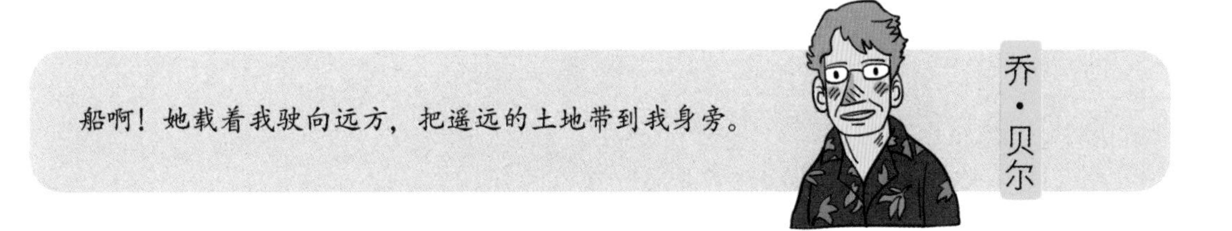
船啊！她载着我驶向远方，把遥远的土地带到我身旁。
乔·贝尔

走，咱们去大海航行吧！
等会儿，先去买票！

车 轮 5500 年前

● 发明路径 人类产生运输需求 → 车轮雏形出现 → 车轮的发明 → 车轮的发展

怎么才能省一点儿力气呢？

车轮是人类历史上一个非常重要的发明。远古时期，人们想要把猎物、野果带回去，只能肩背手提，十分费力，还搬运不了多少东西。

随着收获的食物越来越多，人们开始思考，是不是用工具可以节省力气。于是制作了橇来运送东西，比肩扛手提省力多了。

好轻松呀！
橇

这样，就可以多搬运一些东西，距离还可以走得远一些。

这不就相当于车轮嘛！

这样会大大减少与地面间的摩擦力，所以才会省力！

沉死了，我拉不动……
快去找几根树枝垫在下面。

随着运送的重物越来越大，人们用圆圆的树干代替了橇下面的树枝，这样效率更高了。

这些木头看起来也挺沉的……

公元前3500年左右，苏美尔人发明了最原始的车轮，一块圆形的板，和轴牢牢地钉在一起。

这轮子看起来不太圆呀……

别忘了，这可是在5500年前！

在我国，一直流传着“黄帝造车”的传说。相传在4000多年前，黄帝创造出车子的时候，车轮就已经出现了。

黄帝

殷商时期，随着青铜文化的发展，由车轮组成的战车在战场上大显神威，车战成为当时战场的主要作战形式。

2000多年前，罗马人将实心的车轮改进为连接于车轴的辐条，车轮变得更宽、更轻，车速也更快了。

后来，凯尔特人在战车的木轮上加上铁边，加固后的木轮更加结实耐用。

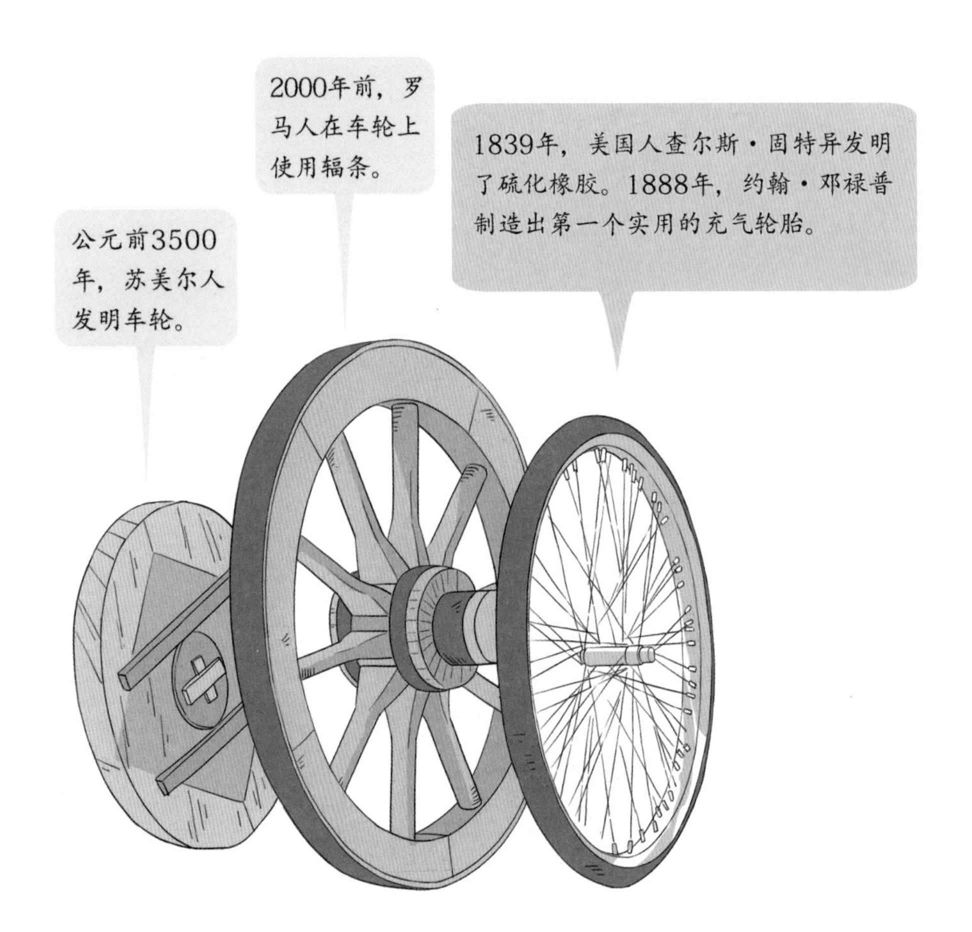
公元前3500年，苏美尔人发明车轮。
2000年前，罗马人在车轮上使用辐条。
1839年，美国人查尔斯·固特异发明了硫化橡胶。1888年，约翰·邓禄普制造出第一个实用的充气轮胎。

不过，由于早期的橡胶轮胎都是实心的，不仅十分笨重，而且很颠簸，在行驶过程中还会发出很大的噪声。

1839年，美国人查尔斯·固特异发明了硫化橡胶。

1845年，罗伯特·汤姆森用硫化橡胶制造了充气轮胎。直到1888年，约翰·邓禄普制造出第一个实用的自行车充气轮胎，充气轮胎才走进大众的视野，后来被广泛使用。

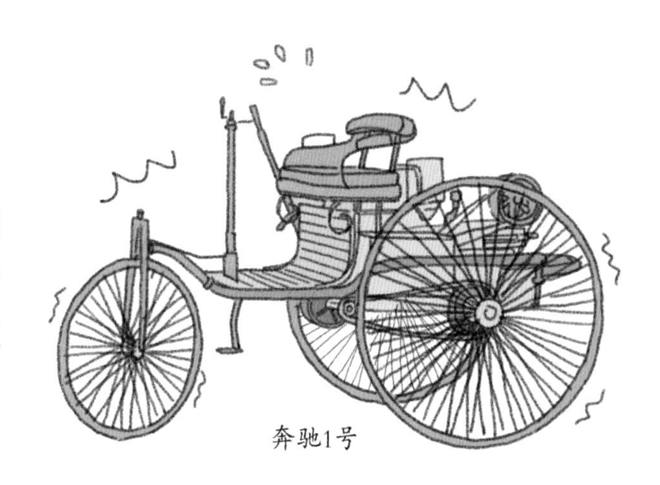
奔驰1号

充气轮胎要比实心轮胎轻得多，骑得肯定更快！

而且充气轮胎还更稳定呢！

1885年，德国人制造出世界上第一辆以汽油为动力的三轮汽车——奔驰1号，并于1886年1月29日获得发明专利。

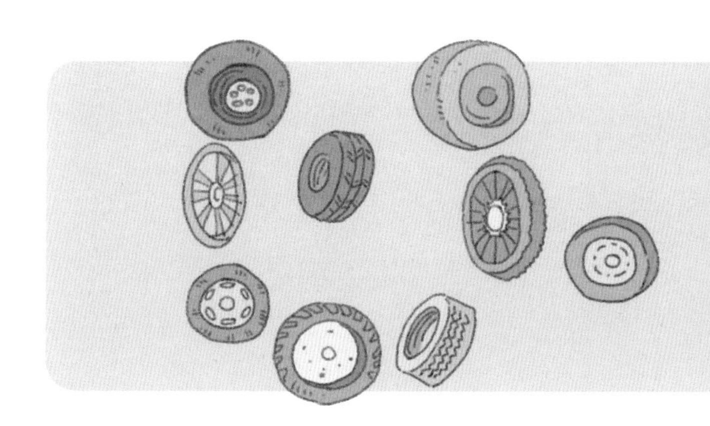

如今，五花八门的车轮被安装在各种用途的工具上。正是因为有了它们，我们的生活才能够如此便利，真要感谢车轮呀！

车轮的出现，彻底改变了人类的运输方式，从此人类可以搬运大大超过自身重量的物体，把粮食和其他物资运送到更远的地方。

同时，车轮的使用促成了多种技术的进步，为后来的机械时代奠定重要的基础。

世界是个车轮，它自己会正常运转。

本杰明·迪斯雷利

石 油 3000 多年前

● 发现路径 石油的形成 → 发现石油 → 石油的应用 → 石油的意义

数亿年前，史前生物和藻类死后，尸体被深埋在泥沙里。

快看，淤泥里有条动物的腿！

在数百万年里，这些尸体在高温高压的作用下，逐渐变成了当今不可缺少的能源——石油。

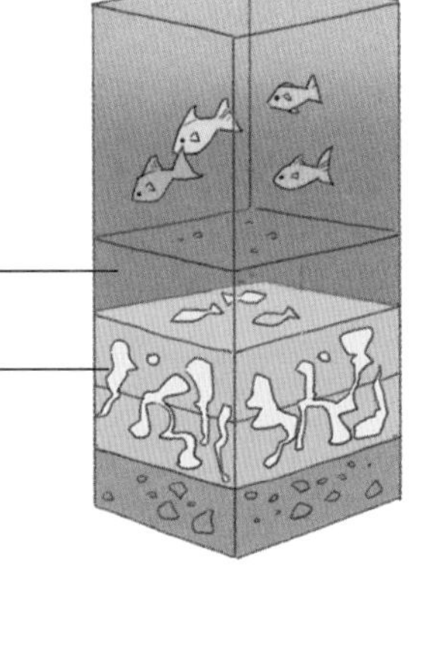

海洋生物死亡后沉到海底
石油和天然气形成

味道有点儿呛鼻子啊！
没错，石油就是一种黏稠的深褐色液体！

地壳的不停运动，将深埋在地底的石油运送到了地表附近，有些石油就从地面渗出来。

3000多年以前，古埃及、古巴比伦等文明古国早就发现了石油，他们把这种神奇的液体当作“万能药”，还利用石油铺路、盖房子、做药材等。

你看到地上流出来的黑水了吗？
快收集起来，这玩意用处可多着呢！
防腐
盖房
制药
铺路

中国是世界上最早发现和利用石油的国家之一，《易经》中的“泽中有火”是目前我国古代文献中有关石油燃烧的最早文字记载。

泽就是低洼有水的地方，古人发现水中有时候会起火。

那一定是石油自燃！

石油可以燃烧哎！

石油的名字，是900多年前的宋朝科学家沈括命名的。沈括在书中读到过“高奴县有洧（wěi）水，可燃”这句话，觉得很奇怪，“水”怎么可能燃烧呢？

沈括实地考察，发现当地人用这种褐色液体烧火做饭、点灯和取暖。沈括弄清楚这种液体的性质和用途，就给它取名叫石油，并写在了自己的著作《梦溪笔谈》里。

古代技术不发达，人们当时只采集天然流出地面的石油，来当燃料。但是，绝大部分石油都深埋地下。

这得挖到什么时候啊？

有的石油在地下几千米深呢，锄头哪里能挖得到！

你在干嘛？
挖石油，家里的灯油断了好几天了！

之后，人们开始想尽办法钻井取油。随着技术的发展，油井越打越深，石油的开采量也越来越大。

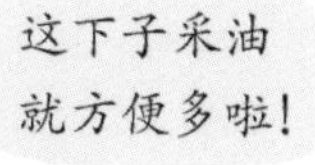
这下子采油就方便多啦！

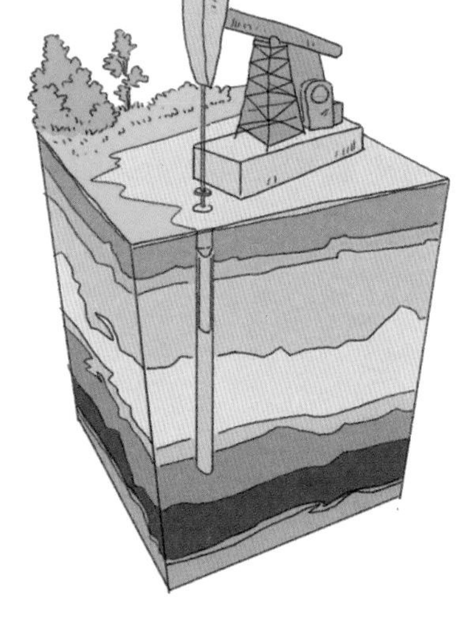

石油
火
水
煤油

后来，人们渐渐发现，石油真是宝贝，从里面能够提炼出各种有用的东西，比如煤油。

现在，石油广泛应用于工业制造中，被称为“工业的血液”。像煤油、沥青、石蜡等都是石油加工后的产物。

煤油：石油加热后提炼出的混合物，十分易燃。

沥青：石油蒸馏后的残渣，常用作建筑材料。

石蜡：从石油中提取出的白色或淡黄色固体，是储能的好材料。

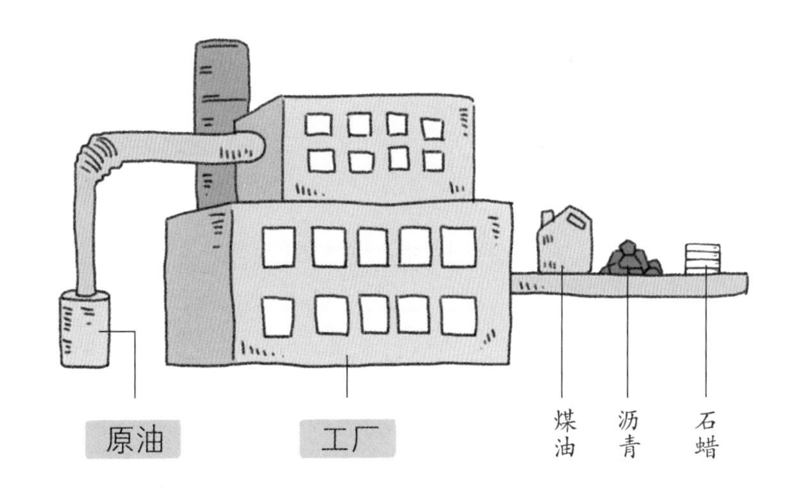
原油
工厂
煤油
沥青
石蜡

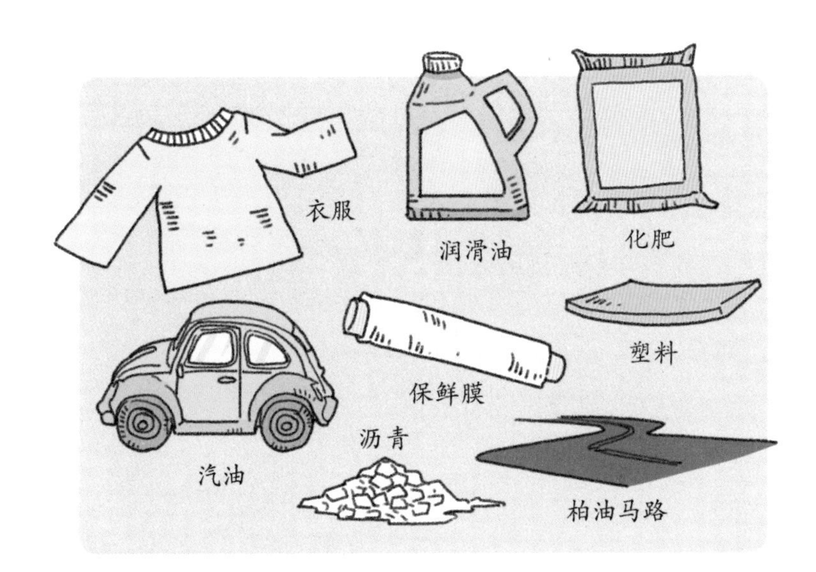
衣服
润滑油
化肥
塑料
保鲜膜
汽油
沥青
柏油马路

日常生活中，石油同样扮演着十分重要的角色，衣食住行处处都可以看到它的影踪。

我的天，这么多用处！

没想到吧？

在大海上，每天都有许多的油轮装载着石油运送到世界各地。这些石油大多来自西亚，西亚是世界上质量最高、成本最低的石油产地。

此物后必大行于世。
沈括

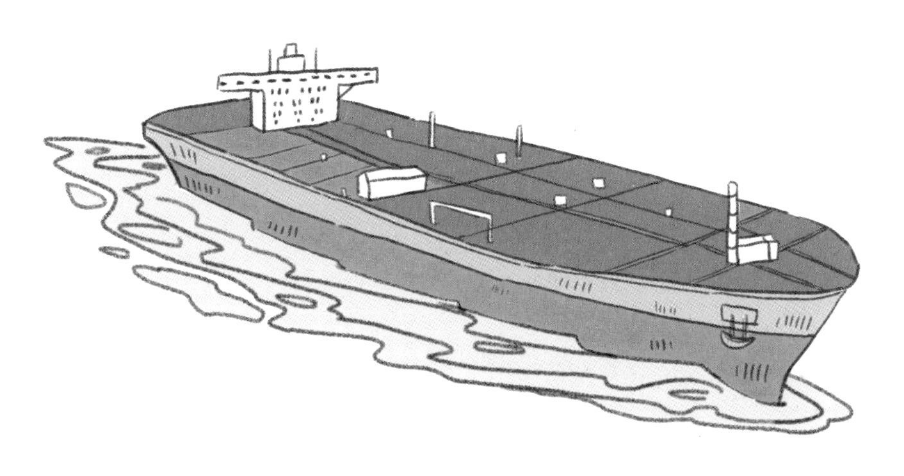

如今，石油是世界最重要的能源，我们生活中时时刻刻都离不开石油。

哥伦布发现新大陆 1492 年

发现路径 东、西方出现贸易往来 → 船舶的发展 → 哥伦布发现新大陆 → 新航线开辟的影响

自古以来，西方人就对神秘的东方十分向往，因为东方有着大量的香料、丝绸等西方人十分稀罕的宝贝，东、西方一直都有着密切的贸易往来。

丝绸可真是个好东西呀！

我这次还带回了许多香料呢，你闻闻！

西汉与西方贸易的道路就是著名的陆上“丝绸之路”！

那可就是两千多年前喽，中国人自古就擅长做生意！

糟糕，看来是遇到强盗了。
喂，你们这次带的是什么货物，统统给我卸下来！

然而，由于“丝绸之路”路程十分遥远，商队不仅要在路上耽搁很长的时间，中途还经常会遇到意外。

1445年，葡萄牙造船师制造出了先进的多桅快帆船。这种帆船容易操控，而且能承受很大的风浪，从此西方人开始了海上远洋航行。

没过多少年，葡萄牙航海家迪亚士率领船队成功绕过了非洲最南端的尖角——好望角。只可惜因为船员太疲惫，船队没能到达目的地印度。

“好望角”这个名字是葡萄牙国王亲自取的，有着美好的寓意。

可惜没有给迪亚士带来好运，他就是在好望角遇难的。

迪亚士率领两艘轻快帆船前往好望角

葡萄牙人的海上航行深深激励了一个叫哥伦布的年轻人。

哥伦布

来自意大利的哥伦布，从小就梦想着能够从海上走遍世界，去探索神秘的东方——传说那里有着无尽的财富与宝藏。

1492年，在西班牙国王的资助下，哥伦布率领着90个海员出发了。

哥伦布向国王承诺，自己一定会开辟一条通往印度的海上新航线。

在茫茫大海中航行了一个月后，哥伦布终于看到了陆地。船队的所有人都欣喜若狂，认为新航线已经成功开辟。

成功了，我终于到印度了！
快点儿，下船以后我们去吃大餐！

刚一到岸，哥伦布就被好奇的当地土著包围了起来。土著们被哥伦布和船员们的长相和穿戴吸引住了，哥伦布也十分友好地称呼土著为“印第安人”。

印第安人，你们好！

此后几十天里，哥伦布率领着船员到处寻找黄金。一直到1493年1月，哥伦布才携带着大批货物和一些印第安人，开始返航。

整整花费了两个月的时间，船队终于回到了西班牙。

这下哥伦布可神气了，回去肯定大大有赏！

然而，哥伦布去世时还不知道的是，他到达的地方并不是印度，而是欧洲人从来没有发现过的新大陆——美洲。

哥伦布登陆

此后，哥伦布又三次来到美洲，将美洲的橡胶、玉米、马铃薯等物产带回了欧洲。同时他把牛、马、骡子等牲畜带到了美洲，大大促进了世界的物质交流。

在哥伦布、麦哲伦等航海家的努力之下，世界各地结束了相对孤立的状态，文明开始融合，而在这期间获得了大量财富的欧洲开始成为世界的中心。

另一方面，大量的欧洲人为了掠夺黄金和财宝，在美洲进行了残酷的殖民统治，还将大量的印第安人贩卖到欧洲，沦为奴隶，给印第安人带来了巨大的灾难。

只要我们能把希望的大陆牢牢装在心中，风浪就一定会被我们战胜。

哥伦布

日心说 1543 年

• **发现路径** 地心说的建立 → 日心说的提出 → 日心说的发展 → 日心说的意义

从古至今，人类就一直对于生活的地球和头顶的宇宙非常好奇，为什么太阳东升西落？为什么会有季节更替？

太阳是上帝的使者，赐予人类光明和温暖！
地球是宇宙的中心！

在古代，还有人说宇宙是个盖子呢！

这是错误的认识，早已经被推翻了。

在西方，一直流传着地球是宇宙中心的说法，其他星球都围绕地球运动。

2世纪，古希腊学者托勒密发展完善了“地心说”。

地心说

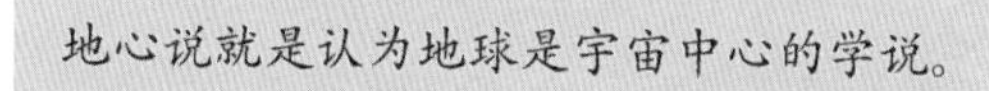

地心说就是认为地球是宇宙中心的学说。

地心说得到了当时很有权势的教会的肯定，从此被大家广泛认同。

这个托勒密说的和《圣经》里一样呀！
这就对了，以后谁要是怀疑，就狠狠地收拾他！
从此，人们更加坚信地心说，谁也不敢有质疑。

他是“异教徒”！

我发现星星移动的速度有快有慢！
哥白尼

随着人类对于天体的认知越来越多，开始发现有许多问题用地心说无法解释，但是迫于当时教会的威严，没有人敢进行这样的研究。

16世纪，波兰天文学家哥白尼对地心说产生怀疑。为此，哥白尼进行了长期的研究观察。

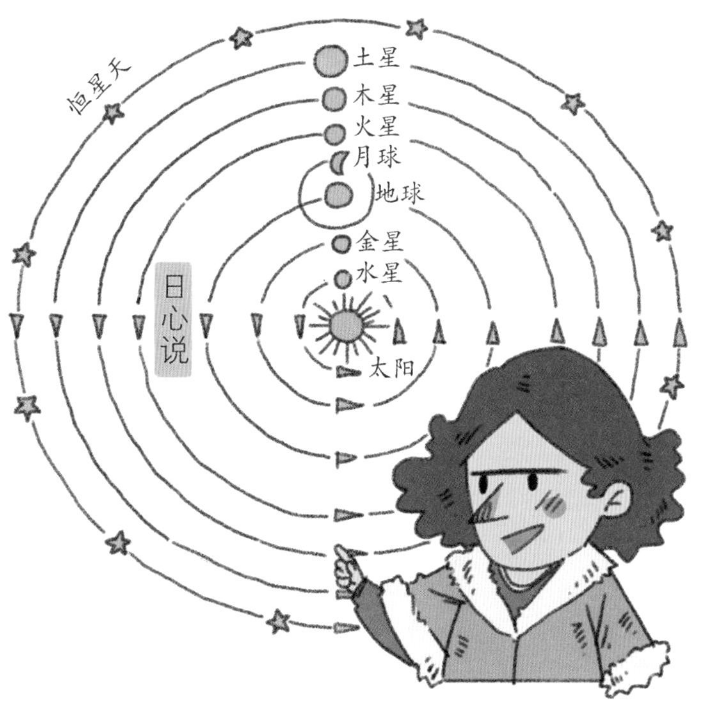
恒星天
土星
木星
火星
月球
地球
金星
水星
太阳
日心说

通过几十年的不懈努力，哥白尼得出了一个惊人的理论：太阳才是宇宙的中心，地球和其他星球都围绕着太阳转动。

这就是著名的“日心说”！

哥白尼胆子真大，不怕教会迫害吗？

是时候拿去发表了……

为了避免被教会迫害，一直到1543年，已经奄奄一息的哥白尼才将自己的著作《天体运行论》公开。

没过多久，哥白尼就去世了。

由于《天体运行论》中的理论在当时太过于超前，所以并没有产生很大的影响。

快把书收起来，教会的人看到会惩罚你的！
书里说的是什么意思呀，我看不懂……
太棒了，我怎么不早点儿看到这本书呢！
布鲁诺

一个偶然的机会，意大利神父布鲁诺得到了一本《天体运行论》。书中哥白尼的“日心说”观点深深地引起了布鲁诺的兴趣，他开始对宇宙进行探索。

布鲁诺研究出了一个新的观点，那就是宇宙是无限大的，并且没有中心。

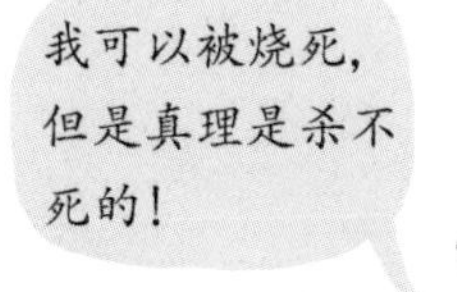
我可以被烧死，但是真理是杀不死的！

1600年，布鲁诺被罗马教会活活烧死在了十字架上。

在当时，得罪教会真是太可怕了……

伽利略

1609年，意大利天文学家伽利略用天文望远镜发现了木星和它的卫星，直接说明了地球不是宇宙的中心，并不是所有天体都要围绕地球运转。

伽利略侧面证明了日心说当时是正确的。

日心说推翻了长期以来居于统治地位的地心说，实现了天文学的根本变革。

从此以后，一代又一代的天文学家不断探索宇宙的奥秘，大大推动了科学进步，这都离不开日心说的启迪。

当然，我们现在已经知道，日心说并不是完全正确的，太阳并非宇宙的中心，而只是太阳系的中心。除此，日心说还存在其他的观点错误，因此它只能算是学说。但较地心说，日心说相对要好一些，因为它证明了地球是围绕太阳进行公转。

人类的天职是探索真理。
哥白尼
会不会有这样一个星球，里面全都是零食……
找一找，可能会有的！

蒸汽机 1679年

● 发明路径　发现蒸汽做功 → 蒸汽机雏形出现 → 蒸汽机的发展 → 瓦特改良蒸汽机

小朋友们是否注意过，每一次用水壶烧水的时候，壶中的水蒸气会“顶”得壶盖一直抖动？

我知道！是因为水烧开以后会变成气态！

没错，可是为什么壶盖会动呢？

原来，水在变成水蒸气以后，“身体”会膨胀起来，水壶的空间已经不足以再装得下它，所以水蒸气才会推动壶盖，而且“力气”还很大呢！

人类很早就发现了水蒸气的能量，一直在寻找方法将这能量利用起来。

大名鼎鼎的蒸汽机原来这么早就出现了！
可惜的是，汽转球在当时并没有什么实际用途。
希罗
玩具

公元1世纪，古罗马数学家和发明家希罗用锅烧水，同时用两根粗管子连接着一颗球体，水蒸气进入球体以后从两旁喷出并使球体转动。

希罗就把它叫作“汽转球”，汽转球是世界上第一台蒸汽机。

要怎么才能让
它干活呢？

在漫长的历史长河中，人类社会始终在不停地向前发展。渐渐地，人力、畜力和早期的水力都满足不了生产、生活的需要。科学家们一直在探索，怎样能够利用水蒸气来工作。

蒸汽

1679年，法国工程师丹尼斯·帕潘制造出了第一台蒸汽机模型，使蒸汽机在实用化方面取得了重要发展。

1698年，英国工程师萨弗里发明了第一台可垂直泵水的蒸汽锅炉。

1712年，英国工程师纽可门完善了萨弗里的设计，并使用蒸汽的压力直接驱动活塞，发明第一台实用的蒸汽机。

这一时期，蒸汽机的发展十分迅速，不过工作效率还是比较低。

这么大的家伙，干的活也不多嘛……

1763年，苏格兰格拉斯哥大学的一台纽可门蒸汽机出毛病了，维修工瓦特被派去维修它。
别费劲了，去把维修工瓦特叫来吧，他可是个专家！
维修蒸汽机的过程中，瓦特发现了纽可门蒸汽机许多不足的地方。
这样来冷凝蒸汽，也太浪费了吧！
1765年，瓦特在纽可门蒸汽机的基础上加以改进，将蒸汽机的效率提高了整整3倍！
这个机器还可以更好用！
瓦特的改良蒸汽机既安全又稳定，运行成本还很低廉，被迅速运用到了工业领域。
后来人们都把我叫作“蒸汽机之父”！

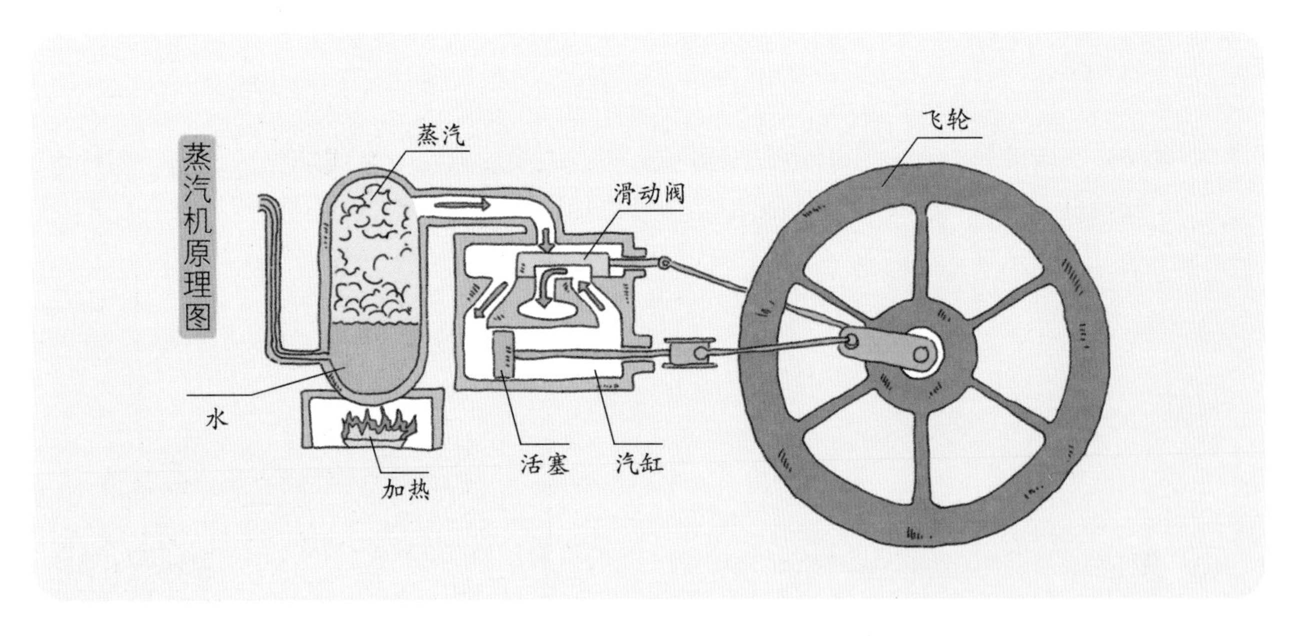
蒸汽机原理图
蒸汽
飞轮
滑动阀
水
加热
活塞
汽缸

1807年，美国人罗伯特·富尔顿成功地利用蒸汽机来驱动轮船，制造出第一艘蒸汽机船“克莱蒙特”号。

蒸汽机的原理本质上是一样的，都是通过把水加热后，形成的水蒸气推动活塞运动，从而为其他机械提供动力。

效率可是关键呀，所以瓦特才伟大呢！

终于可以卖出去了！

1804年，理查德·特里维西克研制出了世界第一台蒸汽机车。

代时汽蒸

很快，瓦特改良的蒸汽机就被应用到了采矿、纺织、冶金、金属加工、运输等各行各业，它在很短的时间内改变了人类的生产方式，极大地提高了劳动生产率，促使传统的手工业迅速走向机器大工业，推动了工业革命。

这么大的意义，根本记不过来……

总结一下，蒸汽机吹响了工业革命的号角，使人类进入蒸汽时代。

蒸汽机的历史意义，无论怎样夸大也不为过。

L．S．斯塔夫里阿诺斯

哈雷彗星 1705 年

● 发现路径　古人观察到彗星 → 哈雷研究彗星 → 推测出彗星运动周期

望远镜被发明之前，浩瀚的星空对于人类是非常神秘的，古人会通过星星来进行占卜，预测吉凶。

传说扫把星一出现，天下就要大乱！
快看，扫把星！

这其中，有一种拖着长长尾巴的星星，更是让人类着迷不已，它就是彗星。

早在两千多年前，中国就有关于彗星的记载，传说每一次彗星的出现，都会带来灾祸。

这些都是迷信，千万不要相信哦。

那么，彗星到底是什么？

1682年，彗星再次“路过”地球。连续几十个夜晚，欧洲大陆都能看到一颗十分闪耀、拖着尾巴的家伙，这让当时的人们十分恐慌。

然而，一名年轻的天文学家却对于彗星的来访十分兴奋，他就是艾德蒙·哈雷。

我听爷爷说过，上次妖星来的时候，发生了瘟疫，死了好多人呢！
糟糕，妖星出现了！
不多说了，我要找个隐蔽的地方躲躲风头！

从小，哈雷就对宇宙非常着迷，梦想着成为一名天文学家。长大以后，哈雷如愿以偿地进入了著名的牛津大学读书。

这次彗星出现之前，哈雷就已经从许多的书籍中“打听”到了它的来历。

根据资料记载，结合自身对于彗星运动的观察，哈雷大胆假设，有一颗十分明亮的大彗星，每隔一段时间就会出现在地球附近！

彗星每隔76年左右就会出现一次。

而且轨道还非常接近！

哈雷彗星是第一颗被人类记录下来的周期彗星，它每过76年左右就会出现在人类的视线中。在公元前240年，我国有了第一次观测到彗星的记录。到1910年，一共有29次记录。不仅在中国，在古巴比伦和欧洲也都记录下了这颗彗星。

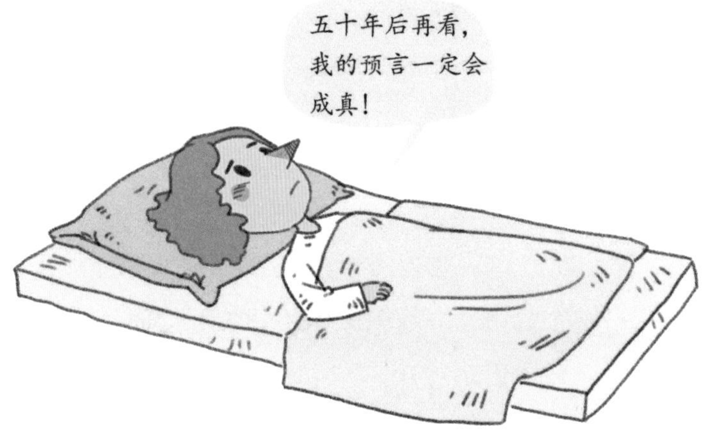
五十年后再看，我的预言一定会成真！

经过多年的研究，哈雷在1705年测定出其轨道数据并预测了它会在1758年再次出现。

就像哈雷预言的那样，彗星果然在1758年年底重访了地球。人们便用哈雷的名字给它命名，这就是著名的哈雷彗星。

一生能见到哈雷彗星一次，就算很幸运了！

是呀，就连哈雷本人，也没能等到它再次光临。

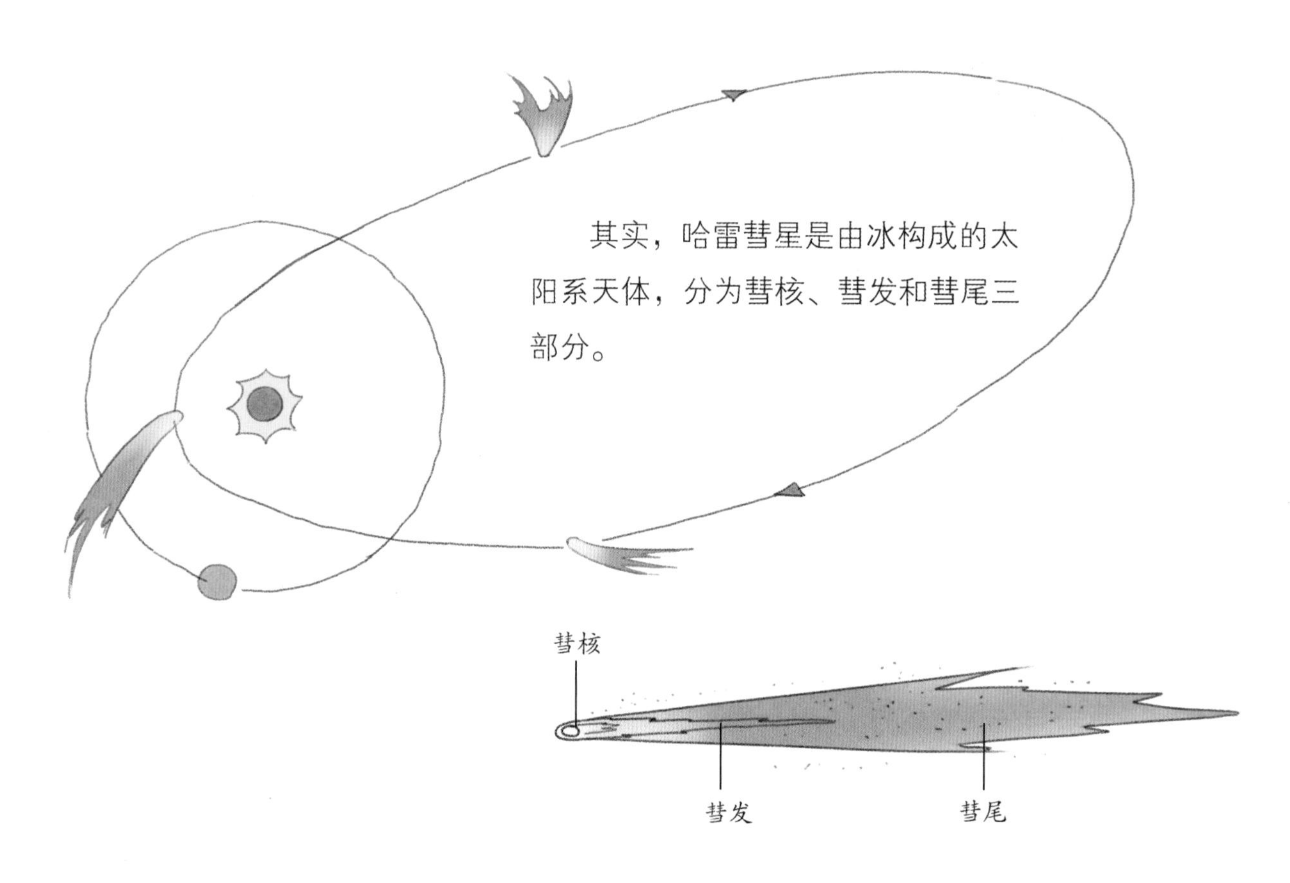
彗核
彗发
彗尾

其实，哈雷彗星是由冰构成的太阳系天体，分为彗核、彗发和彗尾三部分。

哈雷彗星每一次来探访太阳，都要付出沉重的代价，忍受着太阳风和太阳光对自己的伤害。彗核里的物质被太阳风吹拂，拖出了一条长长的大尾巴。

原来它的大尾巴是这么来的呀！

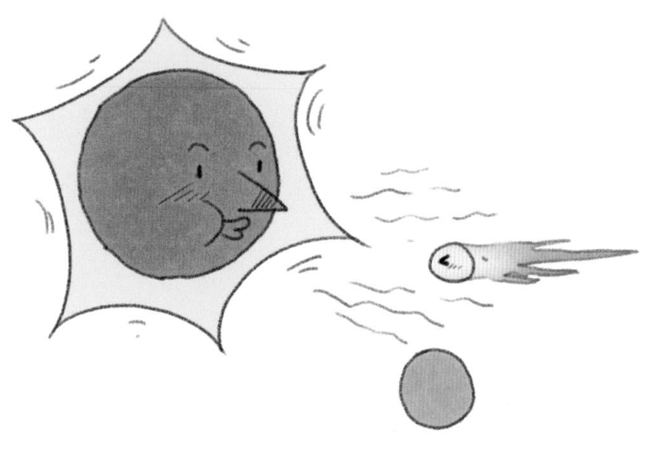

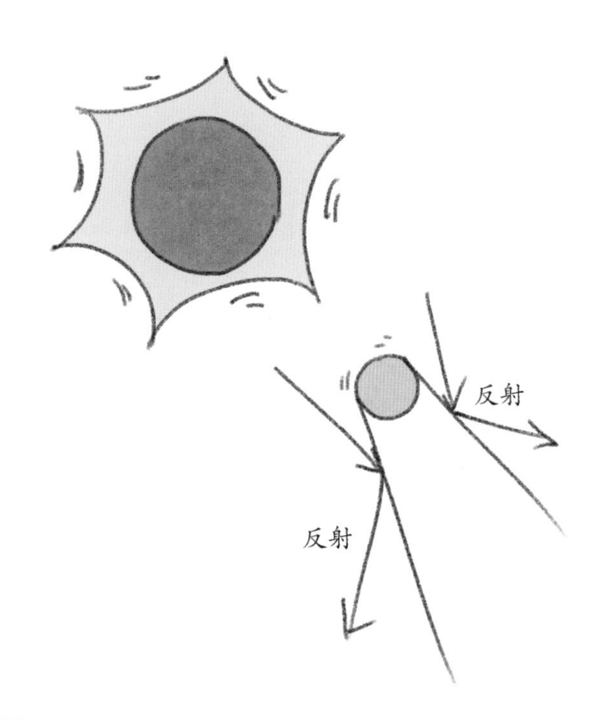
反射
反射

彗星本身不会发光，反射太阳光才能被人类看到。一般彗星的发光都非常暗，只能借助天文仪器观测。

哈雷彗星是唯一一颗肉眼就能看到的短周期彗星，所以才让我们如此着迷！

1910年，哈雷彗星回归，地球上的人们害怕极了，瑟瑟发抖地等待地球和哈雷彗星的彗尾相撞。

但是到了5月19日，地球安然地穿过了明亮的彗尾，人们才发现，原来彗尾是一种虚无缥缈的气体。

哈雷彗星的发现，标志着人类对彗星的认识有了很大的飞跃，为人类成功推测出彗星在宇宙中运动的轨道形状，以及运动状态提供了重要参考。从这以后，人们才确认彗星是太阳系家族中的一员。

我来找找看，哈雷彗星躲哪里了。
它下次要到2061年才回来呢！

下一次哈雷彗星再经过近日点，将会是2061年，到那时我们就可以亲眼见证这美丽的天体，与它赴一场76年的约。

孔盖兮翠旍，登九天兮抚彗星。
竦长剑兮拥幼艾，荪独宜兮为民正。

屈原《楚辞·九歌·少司命》

电话 1876年

发明路径 古代的通讯方式 → 人类开始使用电 → 贝尔发明电话 → 电话的发展应用

在古代，远程传递信息最常见的方式有烽火、飞鸽传书、击鼓传书、驿站送信、竖信号旗等，比如历史上著名的“烽火戏诸侯”，就是通过烽火来传递信息的。

击鼓传书

驿站送信
竖信号旗

飞鸽传书

这些方式的速度都太慢了，有个急事那不得耽误了？

而且也不保险，说不定在路上信息就遗失了。

伴随着社会的不断发展，人类对于传递信息的要求越来越高，原有的方式早已经无法满足需要。

怎么还没有消息！

19世纪，人类开始能够掌握用电以后，通讯方式产生了翻天覆地的变化。

1837年，美国人摩尔斯受到启发，设计出了著名的摩尔斯电码。

摩尔斯通过在电报机上发出时通时断的信号代码，从华盛顿向巴尔的摩发送了世界上第一份电报——“上帝创造了何等奇迹！”

上帝创造了何等奇迹！

电报机

电报的发明，拉开了人类利用电来传递信息的序幕。

为什么不让电流来传递声音呢？
??
贝尔

然而，摩尔斯电码的使用操作比较复杂，美国人亚历山大·格拉汉姆·贝尔决定寻找更加简单的方式来交流。

贝尔是一名出生在苏格兰的聋哑语教师，他先去了加拿大，后又移民到了美国。

1869年，贝尔发现了一个有趣的现象，那就是电流在接通、断开的时候，线圈会发出声音。

贝尔对于这一发现十分兴奋，他认为电流是可以传递声波的。随后，另一名科学家托马斯·沃森出现了，二人开始埋头研究。

沃森是当时有名的电气工程师，帮了贝尔很大的忙呢！

1875年的一天，沃森拨动衔铁产生振动，发出了微弱的声音。贝尔的脑海里闪过一个念头：人的声音同样能产生声波状的电流！他当天就画出了草图。

没过多久，贝尔制造出了第一台电话机。他在卧室中准备测试的时候，不小心把一滴硫酸溅到了腿上。

疼痛难忍的贝尔对着电话机，求助在另一个房间的沃森：“沃森先生，快来救我！”沃森通过电话机听到了贝尔的呼叫，他们成功了！

沃森先生，快来救我！
太好了，终于成功了！

第二年的费城百年博览会上，贝尔向全世界展示了电话机，迅速引起了巨大的反响。

用了它，声音可以传到千里之外！
贝尔电话机
你是被关在这个小话筒里了吗？
不是啦，我在家里呢。
我用起来刚刚好！
好大……
“大哥大”的问世，标志着电话的发展达到了另一个高潮。

随着无线电通信的发展，无线电话出现了。此后，大哥大、按键手机、智能手机等设备，陆续成了人类通讯的好帮手，同时功能也越来越丰富了。

电话的出现，大大节约了人类沟通的成本，节省了沟通时间，使社会的运转效率有了巨大提高，成为拓展人类感官功能的第一次革命，从此通信进入了现代化。

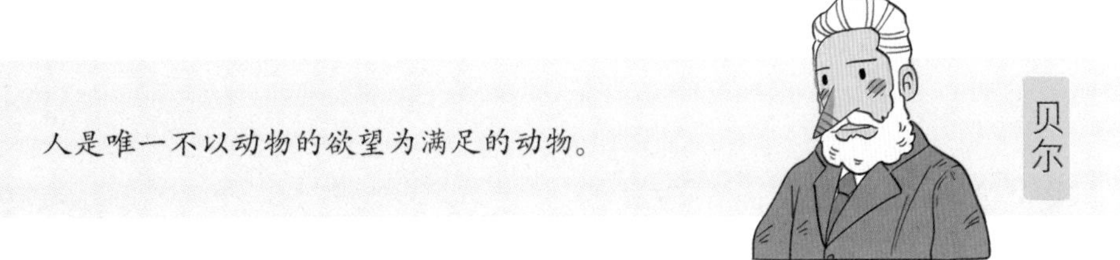
人是唯一不以动物的欲望为满足的动物。
贝尔

飞 机 1903 年

● 发明路径 古人飞上天空的尝试 → 滑翔机的发明 → 莱特兄弟发明飞机 → 飞机的发展

在很久很久以前，人类就对于天空有着无限的向往，不论是嫦娥奔月，还是牛郎织女的神话故事，都表达出了古人对天空的美好想象。

传说在春秋时期，巧匠鲁班用竹子制作了一只竹鸟，可以在天上飞三天三夜。

明朝时，官员万户在椅子上绑了一圈火箭，同时手中拿着两只风筝，希望能够飞上天空。

嫦娥奔月
竹鸟
这也太厉害啦！
万户
只可惜，火箭发生爆炸，万户因此遇难。
万户可真够勇敢的！
你在做什么？
我要做一对翅膀，飞到天上去！

后来，人们试图模仿鸟儿制造一对翅膀，“安装”到身上。他们用鸟的羽毛或者其他物品来做翅膀，但都失败了，人根本无法借助这个飞起来。

我扇得够快了，
怎么就是飞不起
来呢？
拜托，这种飞机
根本就不是你这
样使用的！

扑翼飞机

15世纪，意大利天才达·芬奇设计出一种“扑翼飞机”，这是一种模仿鸟儿、蝙蝠和翼龙而制作成的人造翅膀，飞行员可以像鸟一样上下扇动翅膀。

1873年，一位生物学家拍摄研究了鸟类的扑翼动作，发现这是一个非常复杂的过程，人根本做不到像鸟一样扑翼飞行。

π^π

放弃吧，你没
法像我一样扑
腾翅膀的！

无数次的失败，让人们认识到，单单“安装”上翅膀是无法飞行的。

必须借助别的动力才行！

1891年，德国工程师李林塔尔制作出第一架像蝙蝠一样的弓形翼滑翔机，成功进行了滑翔飞行。

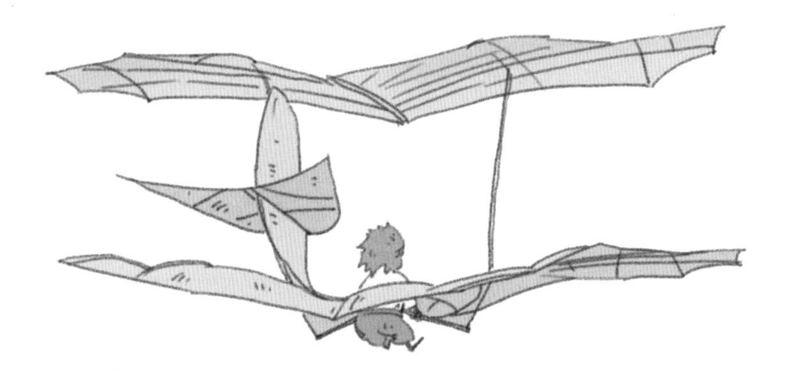

滑翔机是一种利用机翼在气流中产生升力的飞行器。

1896年8月，李林塔尔在一次滑翔试验的时候，发生了不幸，一阵狂风导致李林塔尔坠机了。

李林塔尔遇难的消息传到美国，深深地震撼了莱特家的两兄弟。他们决定投身到飞行事业中来。

莱特兄弟

莱特兄弟从小就对飞行十分感兴趣，动手能力非常强。长大以后，迫于生活压力，兄弟俩从事自行车修理工作。

1896年，莱特兄弟开始投入飞行研究中。

经过上千次的经验积累，莱特兄弟终于在1903年制造出了“飞行者一号”飞机，并在年底试飞成功，人类终于实现了飞向蓝天的梦想！

听说有人造出了飞机？
据说是美国的两兄弟，我们去看看吧！

1908年莱特兄弟在法国进行了飞行表演，大获成功。从此，飞机在法国迅速发展了起来，法国成为当时世界飞机制造的中心。

1909年，莱特兄弟回到美国，创办了“莱特飞机公司”。兄弟俩不断改进飞机制造技术，使得莱特飞机公司成为世界著名的飞机制造商。

此后，人们不断改进制造技术，又发明出螺旋桨飞机和直升机，丰富了飞机的种类。

直升机
螺旋桨飞机
这个直升飞机看起来好酷！
而且还很安全呢！

人类长久以来的飞天梦，在莱特兄弟伟大发明下得以实现。有了飞机，洲与洲之间的距离再次缩短，贸易往来更加频繁，加深了彼此的了解与沟通，人们共享人类文明进步的成果，共同推进人类文明，世界的联系也更加紧密。

只有鹦鹉才喋喋不休，但它永远也飞不高。 莱特兄弟

计算机 1946 年

发明路径 计算工具的发展 → 计算机的发明 → 晶体管、集成电路被应用在计算机 → 计算机的发展

在遥远的古代，人们在生活、生产中遇到需要计算的情况时，只能依靠自己的头脑。

一只鸭子15钱，折合多少颗鸡蛋？

让我算算……

数量小的时候还行，一多就麻烦了。

算不过来了……

这么多数，我要摆到什么时候啊？

后来，智慧的中国人发明出了算筹、算盘等工具帮助计算，帮了人类很大的忙！

随着社会的不断发展，这些计数工具渐渐难以满足需要，开始被淘汰。

到了17世纪，法国的数学天才帕斯卡制造了一台可以运行加减法的计算器，不过因为造价太过昂贵，并没有普及开来。

帕斯卡计算器
确实是个好东西，应该马上推广起来！
这台计算器可不便宜，帕斯卡一生也只做出了20台！

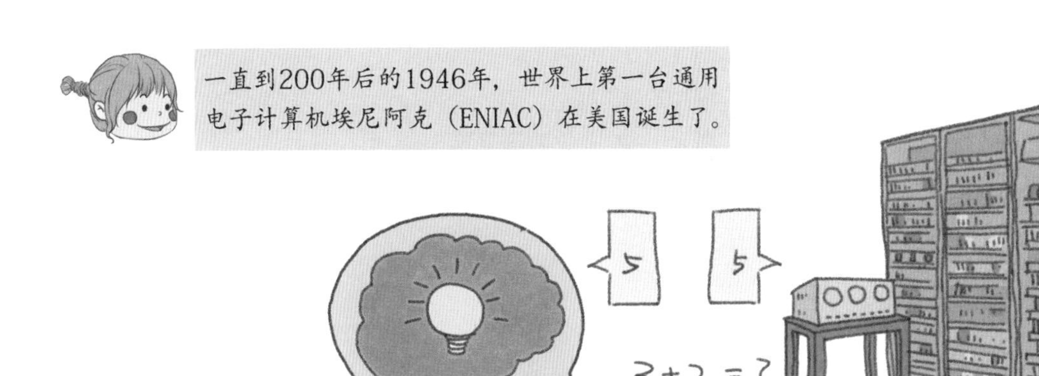
5
5
3+2=?

一直到200年后的1946年，世界上第一台通用电子计算机埃尼阿克（ENIAC）在美国诞生了。

第一台通用电子计算机ENIAC

我的天，好一个“庞然大物”！

ENIAC足足有30吨重，大概有6只成年大象重。

更可怕的是，ENIAC每工作一次，要耗费大量的电。在当时的条件下，每次开机都得耗费费城一个区的电力。

重量巨大
×6
耗电惊人

尽管仍有许多不足之处，ENIAC的运行速度还是要比当时最先进的计算装置快1000倍，它被运用到了军事方面。

这条就是计算机推算出来的射击路径了！

参与设计制造ENIAC的冯·诺依曼被后人称为“现代计算机之父”。

到了1955年，晶体管计算机诞生于美国贝尔实验室。它比ENIAC要小一些，运行速度更快，使用起来更为方便。

这时候，计算机不再是军事部门的专属，开始应用在工业上。

别看我个子小，本事可大着呢！

1958年，美国工程师杰克成功将电子元件集成到半导体芯片上，发明了集成电路。

集成电路很快就在计算机上得到了应用，从此计算机的“个头”变得更小，性能却更加强大了。

不仅如此，计算机的成本也大大降低了。

这下普通家庭也可以用得上它了！

我终于可以有自己的计算机了！

后来，大规模集成电路出现，在一个硬币那么大的芯片上，竟然能藏得下几十万个元件！

如今，计算机不仅形式多样、功能强大，而且应用范围非常广泛，生活中已离不开它！

计算机天生就是用来解决以前没有过的问题的。

比尔·盖茨

连这个它都知道……
计算机显示，你的体重已经超标，该减肥了！

计算机是人类最伟大的技术发明之一，它的出现和广泛应用，把人类从繁重的脑力劳动中解放出来，在社会各个领域中提高了信息的收集、处理和传播的速度与准确性，直接加快了人类向信息化社会迈进的步伐，是科学技术发展史上的里程碑。